全国高级技工学校电气自动化设备安装与维修专业教材

常用机床电气线路维修习题册

中国劳动社会保障出版社

图书在版编目(CIP)数据

常用机床电气线路维修习题册/人力资源和社会保障部教材办公室组织编写. —北京：中国劳动社会保障出版社，2012

全国高级技工学校电气自动化设备安装与维修专业教材

ISBN 978 - 7 - 5045 - 9865 - 3

Ⅰ. ①常…　Ⅱ. ①人…　Ⅲ. ①机床-电气设备-维修-技工学校-习题集　Ⅳ. ①TG502.34 - 44

中国版本图书馆 CIP 数据核字(2012)第 172251 号

中国劳动社会保障出版社出版发行

(北京市惠新东街 1 号　邮政编码：100029)

出 版 人：张梦欣

*

北京鑫海金澳胶印有限公司印刷装订　　新华书店经销

787 毫米 ×1092 毫米　16 开本　3.5 印张　82 千字

2012 年 8 月第 1 版　2025 年 7 月第 13 次印刷

定价：7.00 元

营销中心电话：400-606-6496

出版社网址：http://www.class.com.cn

http://jg.class.com.cn

目　录

课题一　CA6140 型车床电气控制线路的检修 …………（1）

任务 1　认识 CA6140 型车床 …………（1）
任务 2　识读 CA6140 型车床电气控制线路 …………（2）
任务 3　检修 CA6140 型车床常见电气线路故障 …………（3）

课题二　Z3040 型摇臂钻床电气控制线路的检修 …………（8）

任务 1　认识 Z3040 型摇臂钻床 …………（8）
任务 2　检修 Z3040 型摇臂钻床常见电气线路故障 …………（10）

课题三　M7130 型平面磨床电气控制线路的检修 …………（12）

任务 1　认识 M7130 型平面磨床 …………（12）
任务 2　检修 M7130 型平面磨床常见电气线路故障 …………（15）

课题四　M7475B 型平面磨床电气控制线路的检修 …………（16）

任务 1　认识 M7475B 型平面磨床 …………（16）
任务 2　检修 M7475B 型平面磨床常见电气线路故障 …………（18）

课题五　X62W 型卧式万能铣床电气控制线路的检修 …………（21）

任务 1　认识 X62W 型卧式万能铣床 …………（21）
任务 2　检修 X62W 型卧式万能铣床常见电气线路故障 …………（25）

课题六　T68 型卧式镗床电气控制线路的检修 …………（27）

任务 1　认识 T68 型卧式镗床 …………（27）
任务 2　检修 T68 型卧式镗床常见电气线路故障 …………（30）

课题七　20/5 t 型桥式起重机电气控制线路的检修 …………（32）

任务 1　认识 20/5 t 型桥式起重机 …………（32）
任务 2　检修 20/5 t 型桥式起重机常见电气线路故障 …………（37）

课题八　B2012A 型龙门刨床电气控制线路的检修 …………（39）

任务 1　认识 B2012A 型龙门刨床 …………（39）
任务 2　识读 B2012A 型龙门刨床电气控制线路 …………（40）

任务 3　检修 B2012A 型龙门刨床常见电气线路故障 …………………………………（44）

课题九　机床电气设备大修工艺的编制与机床线路的测绘 ……………………（48）

任务 1　机床电气设备大修工艺的编制 ……………………………………………（48）
任务 2　机床电气线路测绘 …………………………………………………………（50）

课题一　CA6140 型车床电气控制线路的检修

任务 1　认识 CA6140 型车床

一、填空题（将正确答案填在横线空白处）

1. CA6140 型车床主要由床身、______、______、______、刀架、卡盘、尾架、丝杠和光杠等部分组成。

2. 因为 CA6140 型车床的主轴是________，所以它属于卧式车床。

3. CA6140 型车床主轴箱的主要功能是实现主轴的______和______。

4. CA6140 型车床的主运动是____________，进给运动是____________。

二、填图题

填写题图 1—1 所示 CA6140 型车床各部分的名称。

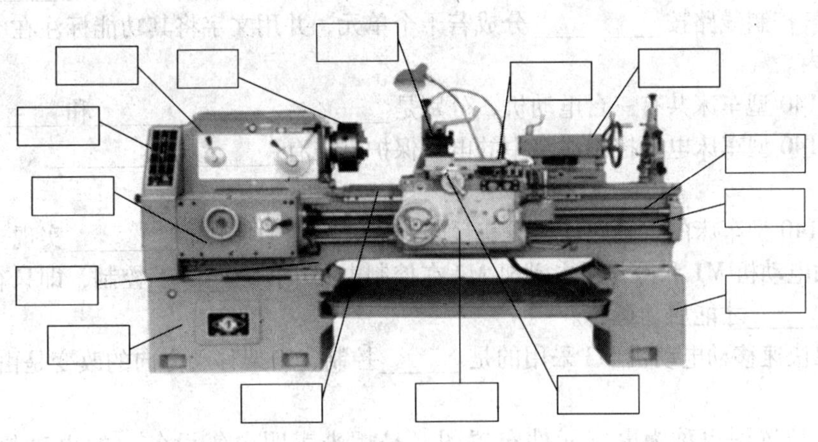

题图 1—1

三、简答题

1. CA6140 型车床各主要组成部分的作用是什么？

2．CA6140 型车床的辅助运动有哪些？

任务 2　识读 CA6140 型车床电气控制线路

一、填空题（将正确答案填在横线空白处）

1．为了便于分析较复杂的机床电气控制线路的工作原理，一般采取________的分析方法，即将电气控制线路按__________分成若干个单元，并用文字将其功能标注在电气控制线路上部的栏内。

2．CA6140 型车床共有三台电动机，分别是__________、__________和__________。

3．CA6140 型车床电气控制线路中的电气保护措施有________、________、________和________。

4．CA6140 型车床的主轴电动机没有反转控制，主轴的反转靠________实现。

5．主轴电动机 M1 和冷却泵电动机 M2 在控制电路中实现______控制，即只有______启动运转后，______才能启动运转。

6．刀架快速移动电动机 M3 采用的是______控制，刀架移动方向的改变是由________控制的。

7．元件位置图也称为电气元件布置图，是用来表明电气设备上的电动机、元件的________，为生产机械电气控制设备的制造、安装和维修提供必要的资料。

8．接线图是根据电气设备和电气元件的______和________绘制的，只用来表示电气设备和电气元件的位置、配线方式和接线方式，而不明确表示______。

二、判断题（正确的打“√”，错误的打“×”）

1．CA6140 型车床主轴的正反转是由主轴电动机 M1 的正反转来实现的。（　）

2．CA6140 型车床的主电路中，接触器 KM 可以用中间继电器代替。（　）

3．CA6140 型车床中的低压断路器 QF，只有当线圈通电时才能合闸。（　）

4．CA6140 型车床在正常工作时，钥匙开关 SB 和行程开关 SQ2 的常开触头处于断开状态。（　）

三、选择题（将正确答案的字母填入括号内）

1．CA6140 型车床主轴的调速采用（　）。

A．电气调速　　　　B．齿轮箱进行机械有级调速　　　C．机械与电气配合调速

2．CA6140 型车床主轴电动机的失压保护由（　　）完成。

A．接触器自锁环节　　B．低压断路器　　　　　　　　C．热继电器

3．CA6140 型车床主轴电动机的过载保护由（　　）完成。

A．接触器自锁环节　　B．低压断路器 QF　　　　　　C．热继电器 KH1

4．CA6140 型车床的主轴电动机选用（　　）。

A．直流电动机　　B．三相笼型异步电动机

C．三相绕线转子异步电动机

四、简答题

1．CA6140 型车床控制线路中，刀架快速移动电动机 M3 为什么未设过载保护？

2．机床电气元件布置图由哪几部分组成？

任务 3　检修 CA6140 型车床常见电气线路故障

一、填空题（将正确答案填在横线空白处）

1．电气设备在运行过程中，由于操作使用不当、安装不合理或维修不正确等人为因素造成的故障，称为__________。

2．电气设备的维修包括________和__________两方面。

3．电气设备发生故障后，切忌盲目动手检修。在检修前，通过________、________、________、________、闻来了解故障前后的操作情况和故障发生后出现的异常现象，以便根据故障现象判断出故障发生的部位，进而准确地排除故障。

4．短接法是用一根绝缘良好的导线，把所怀疑的______部位短接，如短接过程中电路被______，就说明该处______。

5．用短接法检测时，绝对不能短接______，否则将发生______故障。

6．检修电动机缺相运行故障时，对于接触器主触头下方的故障点一般只能采用______测量。

二、判断题（正确的打"√"，错误的打"×"）

1．在操作 CA6140 型车床时，按下启动按钮 SB2，发现接触器 KM 得电动作，但主轴电动机 M1 不能启动，则故障原因可能是热继电器 KH1 动作后未复位。（　　）

2．CA6140 型车床的主轴电动机 M1 因过载而停转，热继电器 KH1 是否复位，对冷却泵电动机 M2 和刀架快速移动电动机 M3 的运转无任何影响。（　　）

3．CA6140 型车床的配电盘壁龛有开门断电保护功能，因此打开配电盘壁龛门后，无法进行带电检修。（　　）

4．只要加强对电气设备的日常维护和保养，就可以杜绝电气事故的发生。（　　）

5．维修时可根据实际需要修改生产机械的电气控制线路。（　　）

6．在实际检修机床电气故障过程中，不同的测量方法可交叉使用。（　　）

7．短接法既适用于检查控制电路的故障，也适用于检查主电路的故障。（　　）

8．在故障的修理过程中，一般情况下应尽量做到复原。（　　）

三、选择题（将正确答案的字母填入括号内）

1．由于导线绝缘老化而造成的设备故障属于（　　）。

A．自然故障　　B．人为故障　　C．无法确定

2．按下启动按钮后，CA6140 型车床的主轴电动机 M1 启动后不能自锁，则故障原因可能是（　　）。

A．接触器 KM 的自锁触头接触不良

B．接触器 KM 的主触头接触不良

C．热继电器 KH1 动作

四、简答题

1．工业机械电气设备维修的一般要求有哪些？

2．机床电气设备进行一级保养的内容有哪些？

3．说出几种你所知道的查找电气故障点的方法。

4．结合教材图 1—5 所示 CA6140 型车床电气控制电路图，根据下列故障现象分析产生故障的原因。

（1）故障现象：接触器 KM 吸合，但主轴电动机 M1 不能启动。

（2）故障现象：主轴电动机 M1 不能停车。

（3）故障现象：运行过程中主轴电动机 M1 自动停车，立即按下启动按钮 SB2，电动机不能启动。

（4）故障现象：刀架快速移动电动机 M3 不能启动。

（5）故障现象：主轴电动机 M1 启动运转后，按下 SB4，冷却泵电动机 M2 不能启动。

课题二　Z3040 型摇臂钻床电气控制线路的检修

任务 1　认识 Z3040 型摇臂钻床

一、填空题（将正确答案填在横线空白处）

1．Z3040 型摇臂钻床主要由底座、内立柱、外立柱、______、______和______等部分组成。

2．Z3040 型摇臂钻床在进行钻削加工时，先将主轴箱夹紧在________上，摇臂夹紧在________上，外立柱紧固在________上。

3．Z3040 型摇臂钻床主轴带动钻头的旋转运动是_______；钻头的上下运动是_______；主轴箱沿摇臂水平移动、摇臂沿外立柱上下移动以及摇臂连同外立柱一起相对于内立柱的回转运动是_________。

4．Z3040 型摇臂钻床的外立柱绕内立柱的转动靠________。

5．结合教材图 2—4 所示电路图填空：

（1）Z3040 型摇臂钻床电气控制电路中共有四台三相异步电动机，分别是__________、__________、__________和__________。

（2）Z3040 型摇臂钻床电气控制电路中需要正反转的电动机是______和______。

（3）摇臂处于夹紧状态时，行程开关 SQ3 处于______状态，SQ2 处于______状态；而摇臂松开后，行程开关 SQ2 处于______状态，SQ3 处于______状态。

（4）摇臂的上升是由摇臂升降电动机 M2、______和______联合控制实现的，能够自动完成摇臂松开→摇臂上升→摇臂夹紧的控制过程。

（5）组合开关 SQ1 作为摇臂升降的________保护。

二、判断题（正确的打“√”，错误的打“×”）

1．Z3040 型摇臂钻床的摇臂可绕外立柱回转。（　　）

2．Z3040 型摇臂钻床中实现摇臂升降限位保护的电器是行程开关 SQ1 和 SQ2。（　　）

3．Z3040 型摇臂钻床在使用时不允许沿一个方向连续转动摇臂。（　　）

4．Z3040 型摇臂钻床中内、外立柱的夹紧与松开控制是半自动控制。（　　）

三、选择题（将正确答案的字母填入括号内）

1．Z3040 型摇臂钻床的主轴（　　）。

A．只能单向旋转　　B．由机械控制实现正反转

C．由电动机 M1 控制实现正反转

2．Z3040 型摇臂钻床上四台电动机的短路保护均由（　　）实现。

A．熔断器　　B．过电流继电器　　C．低压断路器

3．Z3040 型摇臂钻床的外立柱可绕不动的内立柱回转（　　）。

A．90°　　　　　　　　B．180°　　　　　　　　C．360°

4．Z3040 型摇臂钻床的主轴箱在摇臂上的移动靠（　　）。

A．人力推动　　　　　　B．电动机驱动　　　　　　C．液压驱动

四、简答题

1．简述 Z3040 型摇臂钻床摇臂下降的控制过程。

2．教材图 2—4 所示电路中，电磁阀 YA 的作用是什么？

3．教材图 2—4 所示电路中，时间继电器 KT 的作用有哪些？

任务 2　检修 Z3040 型摇臂钻床常见电气线路故障

一、判断题（正确的打“√”，错误的打“×”）

1．Z3040 型摇臂钻床的摇臂及立柱的松开和夹紧都是由液压泵电动机 M3 拖动液压装置完成的。（　　）

2．如果 Z3040 型摇臂钻床的立柱、主轴箱不能夹紧与放松，经检查无电气方面的故障，因此判断可能出现了油路堵塞故障。（　　）

二、选择题（将正确答案的字母填入括号内）

1．Z3040 型摇臂钻床大修后，若将摇臂升降电动机的三相电源相序接反了，则会出现（　　）。

A．电动机不能启动　　B．上升和下降方向颠倒　　C．电动机不能停止

2．Z3040 型摇臂钻床中，若时间继电器 KT 线圈开路，按下摇臂上升按钮后，摇臂（　　）。

A．能正常上升　　B．不能上升　　C．能上升但不能夹紧

三、简答题

结合教材图 2—4 所示 Z3040 型摇臂钻床电气控制电路图，回答下列问题。

（1）主轴电动机 M1 不能启动的故障原因有哪些？

（2）摇臂上升后不能夹紧，则可能的故障原因是什么？

（3）大修后，若行程开关 SQ2 的安装位置不当，会出现什么故障？

（4）大修后，若行程开关 SQ3 的安装位置不当，会出现什么故障？

课题三　M7130 型平面磨床电气控制线路的检修

任务 1　认识 M7130 型平面磨床

一、填空题（将正确答案填在横线空白处）

1．M7130 型平面磨床是__________式，其主要结构包括床身、______、______、砂轮架（又称磨头）、滑座和立柱等。

2．M7130 型平面磨床的主运动是_______，进给运动是工作台的_______以及砂轮架的_______。

3．为了保证磨削加工质量，M7130 型平面磨床要求砂轮有较高的转速，通常采用_________驱动。

4．M7130 型平面磨床的工作台能在______、______和______三个方向快速移动，由液压传动机构驱动实现。

5．M7130 型平面磨床工作台的往复运动是由液压传动完成的，其优点是______、易于实现____________。

6．M7130 型平面磨床的砂轮电动机 M1 和冷却泵电动机 M2 在_______中实现顺序控制。

7．结合教材图 3—4 所示 M7130 型平面磨床电路图填空：

（1）砂轮电动机 M1 由接触器______控制，由_______作过载保护，由_______作短路保护。

（2）为保证安全，M7130 型平面磨床的电磁吸盘与三台电动机 M1、M2、M3 之间有______，即电磁吸盘_____后，电动机才能启动。电磁吸盘_____时，三台电动机均不能启动。

（3）工件加工完毕后，先把 QS2 扳到_____位置，切断电磁吸盘 YH 的直流电源。然后将 QS2 扳到_____位置，电磁吸盘 YH 通入较小的反向电流（因串入了退磁电阻 R2）进行退磁。

（4）如工件不易退磁，可将附件退磁器的插头插入插座 XS，使工件在_______的作用下进行退磁。

（5）电磁吸盘电路包括_______、_______和_______三部分。

二、填图题

填写题图 3—1 所示磨床各部分的名称。

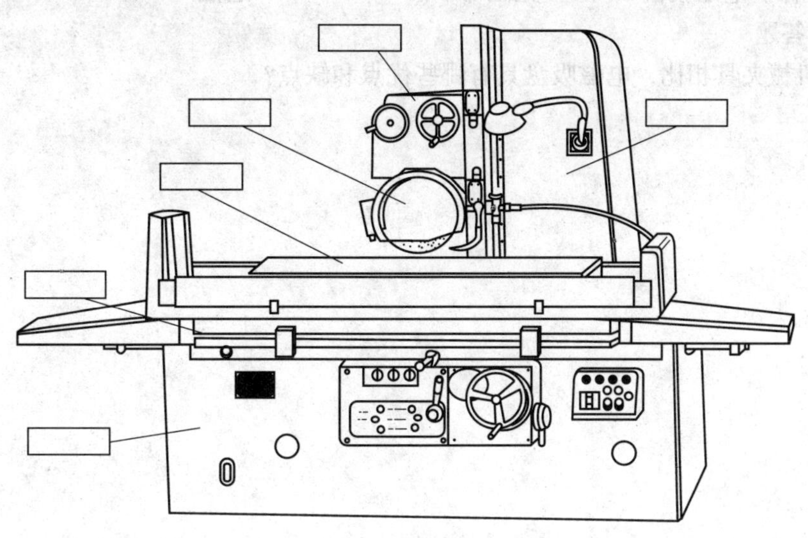

题图 3—1

三、判断题（正确的打“√”，错误的打“×”）

1. M7130 型平面磨床砂轮架的横向进给运动只能由液压传动。（ ）

2. M7130 型平面磨床的砂轮要求有较高的转速，通常采用两极笼型异步电动机驱动。（ ）

3. 在磨削工件的过程中，M7130 型平面磨床的工作台每次换向时，砂轮架就横向进给一次。（ ）

4. 电磁吸盘吸力不足是电磁吸盘损坏或整流器输出电压不正常造成的。（ ）

5. M7130 型平面磨床的工作台采用了液压传动，当工作台前侧的换向挡铁碰撞床身上的液压换向开关时，工作台便自动改变了运动方向，实现了工作台的纵向往复运动。（ ）

6. M7130 型平面磨床工作台的往复运动是由电动机 M3 正反转拖动实现的。（ ）

7. 在 M7130 型平面磨床电磁吸盘的线圈两端可以直接并联续流二极管释放磁场能量。（ ）

8. M7130 型平面磨床不能加工非磁性工件。（ ）

四、选择题（将正确答案的字母填入括号内）

1. M7130 型平面磨床的砂轮电动机 M1 和冷却泵电动机 M2 在（ ）中实现顺序控制。

A. 主电路　B. 控制电路　C. 电磁吸盘电路

2. M7130 型平面磨床的砂轮在加工过程中（ ）调速。

A. 需要　B. 不需要　C. 根据情况确定是否

3. M7130 型平面磨床电磁吸盘与三台电动机 M1、M2、M3 之间的电气联锁是由（ ）实现的。

A. QS2　B. KA　C. QS2 和 KA 的常开触头（3—4）

4. 在 M7130 型平面磨床的电气控制线路中，插座 XS 的作用是（ ）。

A. 保护电磁吸盘　　B. 充磁　　　　　　　C. 退磁

五、简答题

1. 与机械夹具相比，电磁吸盘具有哪些优点和缺点？

2. M7130 型平面磨床电磁吸盘电路主要由哪几部分组成？各部分的作用分别是什么？

3. 结合教材图 3—4 所示 M7130 型平面磨床电路图，分析电磁吸盘退磁的控制过程。

任务2　检修M7130型平面磨床常见电气线路故障

一、填空题（将正确答案填在横线空白处）

1. M7130型平面磨床电磁吸盘的保护电路由__________和__________组成。

2. 若空载时电磁吸盘电源电压不正常，大多是因为________短路或断路造成的。

二、选择题（将正确答案的字母填入括号内）

1. 电磁吸盘吸力不足，经检查发现整流器空载输出电压正常，而负载时输出电压远低于110 V，由此可判断电磁吸盘线圈（　　）。

A. 短路　　B. 断路　　C. 无故障

2. 若电磁吸盘电路中的电阻R2开路，则会造成（　　）。

A. 吸盘不能充磁　　B. 吸盘不能退磁　　C. 吸盘既不能充磁也不能退磁

三、简答题

M7130型平面磨床的电气控制线路中，熔断器FU1中的U相熔断会有什么现象？V相或W相熔断又会有什么现象？

课题四　M7475B 型平面磨床电气控制线路的检修

任务 1　认识 M7475B 型平面磨床

一、填空题（将正确答案填在横线空白处）

1．M7475B 型立轴圆台平面磨床主要由______、__________、______和立柱等部分组成。

2．M7475B 型平面磨床采用________式磨头，用砂轮的________面进行磨削加工，用_________固定工件。

3．M7475B 型平面磨床的砂轮电动机 M1 容量较大，采用________启动，以降低启动电流。

4．工作台转动电动机 M2 选用________来实现工作台的调速，以简化传动机构。工作台慢速转动时，电动机定子绕组接成________形；工作台快速转动时，电动机定子绕组接成________形。

5．为了保证机床安全和电源不会被短路，机床在__________与____________、工作台________与________、工作台________与________、磨头________与________的控制线路中都设有电气联锁，且在工作台的左右移动和磨头上升控制中设有__________。

6．结合教材图 4—3 所示 M7475B 型平面磨床电路图填空：

（1）该线路中共有五台电动机，分别是____________、____________、____________、_______________和________________。

（2）继电器 KA1 在电路中起__________作用。

（3）该控制线路在砂轮电动机 M1 定子绕组 Y—△转换的过程中，要求接触器____先断电释放，然后____得电吸合，接着____再得电吸合。

（4）在砂轮电动机 M1 定子绕组 Y—△转换的过程中，如果接触器 KM1 不先断电释放而直接使 KM2 吸合，则 KM2 的常闭辅助触头要断开大电流，可能会烧毁______，甚至造成______事故。

（5）工作台转动电动机 M2 是双速电动机，由________控制高速和低速两种旋转速度。

（6）工作台移动电动机采用______控制，工作台的左移用位置开关____作限位保护，而工作台的右移用位置开关____作限位保护。

（7）冷却泵电动机由______和__________控制。

（8）电磁吸盘 YH 中电流的大小由给定电压 U_{EA} 控制，给定电压增大，二极管 V2 的导通时间______，触发脉冲______，晶闸管导通角______，流过电磁吸盘的电流______，工作台吸力______。

（9）在电磁吸盘控制电路中采用________________作过流保护。

（10）在电磁吸盘自动退磁的过程中，由于电容 C10 的放电，给定电压逐渐减小，触发脉冲逐渐______，晶闸管导通角逐渐______，加在 YH 上的电压幅值逐渐______，最后趋向于______，从而达到退磁的目的。

二、判断题（正确的打“√”，错误的打“×”）

1. 在 M7475B 型平面磨床的电气控制电路中，电源控制开关 QF 兼作砂轮电动机 M1 的短路保护。（　　）

2. 在 M7475B 型平面磨床的电气控制电路中，五台电动机均用热继电器作过载保护。（　　）

3. 工作台转动电动机 M2 采用接触器 KM3、KM4 控制，因此本身具有零压保护功能。（　　）

4. 在磨头的上升和下降过程中，均不允许工作台转动。（　　）

5. 多谐振荡器中的两只晶体管不能同时维持导通状态，只能轮流导通。（　　）

6. 在接通电源的瞬间，多谐振荡器由电路结构决定哪个晶体管先导通。（　　）

7. 在退磁过程中，电磁吸盘两端是一个幅值逐渐减小的高频电压。（　　）

8. 为了在切断电源时释放电磁吸盘上储存的电磁能，可以在电磁吸盘两端并联一个续流二极管。（　　）

三、选择题（将正确答案的字母填入括号内）

1. M7475B 型平面磨床工作台转动时不允许磨头（　　）。

A. 上升　　B. 下降　　C. 上升或下降

2. 在 M7475B 型平面磨床的磨削过程中，流过电磁吸盘的是（　　）电流。

A. 稳恒直流　　B. 交流　　C. 脉动直流

3. M7475B 型平面磨床电磁吸盘退磁时，电磁吸盘中电流的频率等于（　　）。

A. 交流电源频率　　B. 多谐振荡器的频率　　C. 多谐振荡器频率的 2 倍

4. 在 M7475B 型平面磨床中，工作台的移动采用（　　）控制。

A. 点动　　B. 自锁　　C. 互锁

5. 电磁吸盘的退磁时间由（　　）决定。

A. 操作者　　B. 电容 C10 的放电时间　　C. 励磁电压

6. 在 M7475B 型平面磨床进行正常磨削加工时，（　　）是起作用的晶体管。

A. V1　　B. V2　　C. V3 和 V4

7. 在退磁过程中，M7475B 型平面磨床电磁吸盘中的电流（　　）。

A. 逐渐减小　　B. 逐渐增大　　C. 基本不变

8. 如果中间继电器 KA3 不能吸合，电磁吸盘将（　　）。

A. 不能励磁　　B. 不能退磁　　C. 既不能励磁也不能退磁

四、简答题

1. M7475B 型平面磨床的主要运动形式有哪些？

2. 结合教材图 4—3 所示 M7475B 型平面磨床电路图，回答下列问题。

（1）该线路中为什么要用中间继电器 KA1 实现零压保护？

（2）电磁吸盘励磁电路中电位器 RP1 和 RP2 的作用分别是什么？

任务 2　检修 M7475B 型平面磨床常见电气线路故障

一、填空题（将正确答案填在横线空白处）

1. 当按下电磁吸盘励磁按钮 SB9 时，熔断器 FU6 立即熔断，这个现象表明故障应在__________。

2. M7475B 型平面磨床的电磁吸盘无吸力，但电磁吸盘两端直流电压正常，说明故障点在__________及______上。

3. M7475B 型平面磨床的电磁吸盘能励磁而不能退磁，说明电磁吸盘__________及__________部分正常，故障在__________部分。

二、判断题（正确的打“√”，错误的打“×”）

1. 如教材图 4—3 所示，在 M7475B 型平面磨床线路中，中间继电器 KA1 动作与否不影响砂轮电动机 M1 的工作。（　）

2. 如教材图 4—3 所示，M7475B 型平面磨床磨头能上升但不能下降，原因可能是工作台正在转动。（　）

3. 如教材图 4—3 所示，M7475B 型平面磨床的电磁吸盘两端并联大电容 C1 的目的是滤波，以减小电磁吸盘两端直流电压的脉动成分。（　）

4. 如题图 4—1 所示多谐振动器电路，在接通电源时一定是 V3 导通，V4 截止。（　）

5. 退磁电路中，如果由于电路的不对称造成两只晶闸管导通时间不相等，会造成电磁吸盘不能彻底退磁。（　）

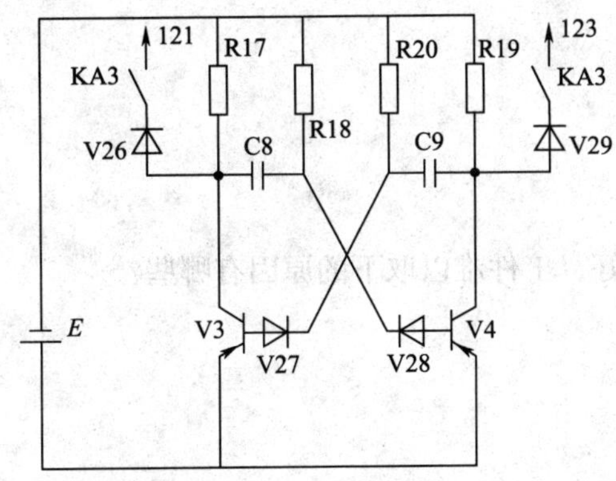

题图 4—1　多谐振荡器电路

三、简答题

结合教材图 4—3 所示 M7475B 型平面磨床电路图，回答下列问题。

（1）如何调节电磁吸盘励磁电流的大小？简述其原理。

（2）电磁吸盘吸力不足的原因有哪些？如何处理？

（3）电磁吸盘退磁不好，工件难以取下的原因有哪些？

课题五　X62W 型卧式万能铣床电气控制线路的检修

任务 1　认识 X62W 型卧式万能铣床

一、填空题（将正确答案填在横线空白处）

1. X62W 型卧式万能铣床通过操纵手柄并同时操作______与______部分，通过机电的紧密配合完成预定的操作，是机械与电气结构联合动作的典型控制系统。

2. 铣削加工是一种不连续的切削加工方式，为减小振动，主轴上装有__________，但这样会造成主轴停车困难。为此，主轴电动机采用__________制动以实现准确停车。

3. X62W 型卧式万能铣床的主运动和进给运动都是通过__________来进行变速的，为保证变速后齿轮能良好啮合，X62W 型卧式万能铣床主运动和进给变速后，都要求电动机做__________，即__________。

4. X62W 型卧式万能铣床工作台能在______、______和______六个方向上进给。

5. X62W 型卧式万能铣床在加工过程中不需要频繁变换主轴旋转的方向，因此用______来控制主轴电动机的正反转。

6. 结合教材图 5—3 所示 X62W 型卧式万能铣床电气控制电路图填空：

（1）该铣床共用了三台电动机，分别是__________、__________和__________。

（2）主轴电动机 M1 的控制包括______控制、______控制、______控制和________控制。

（3）主轴更换铣刀时，将转换开关 SA1 扳向______位置，其常开触头 SA1—1____，电磁离合器____得电将主轴制动；同时常闭触头 SA1—2________，切断控制电路，铣床不能通电运转，确保人身安全。

（4）工作台的左右进给操纵手柄与位置开关______和______联动，有____、____、____三个位置。当手柄扳向左位置时，手柄压下位置开关____，使接触器____得电吸合，电动机 M2 ____，同时将电动机的传动链和________相连。

（5）进给变速时，在将变速盘推进去的过程中，挡块压下位置开关________，使其触头______分断，______闭合，接触器 KM3 得电动作，电动机 M2 启动；但随着变速盘的复位，位置开关______也复位，电动机 M2 则失电停转。这样使电动机 M2 瞬时点动一下，齿轮系统产生一次抖动，齿轮实现了顺利啮合。

（6）工作台的快速移动是通过两个__________和__________配合实现的。

（7）圆形工作台的工作由转换开关______控制。当需要圆形工作台旋转时，将它扳到接通位置，其触头_______和_______处于断开状态，______处于闭合状态，接触器______得电，电动机______启动运转。

（8）圆形工作台开动时其余进给一律__________。两个进给手柄必须置于________。

若出现误操作，扳动两个进给手柄中的任意一个，电动机 M2 将立即______。

（9）主轴电动机 M1 和冷却泵电动机 M3 在主电路中实现__________控制。

二、填图题

填写题图 5—1 所示 X62W 型卧式万能铣床各部分的名称。

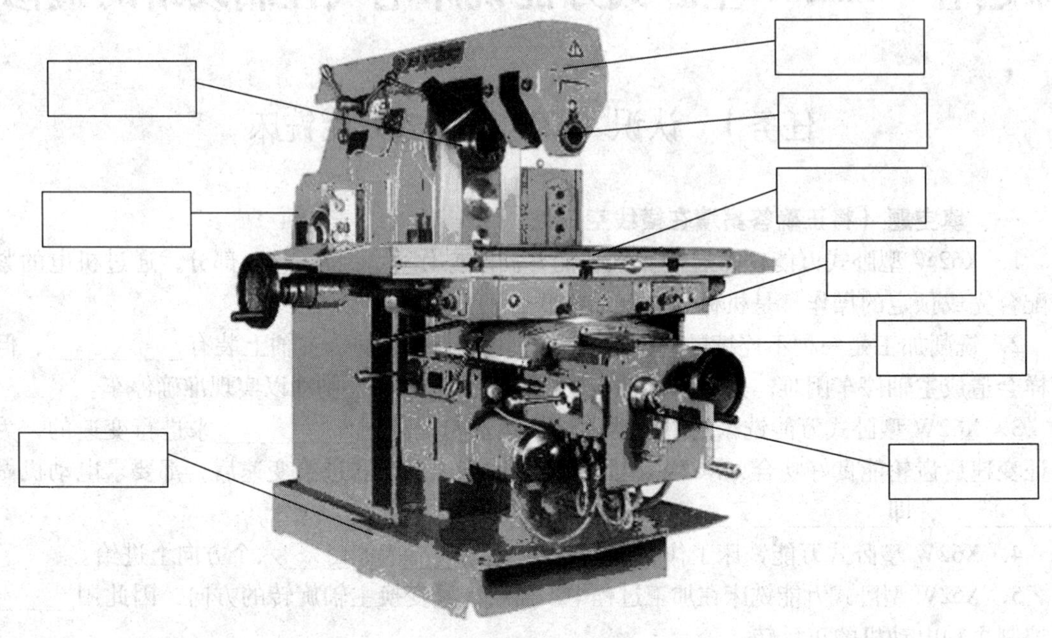

题图 5—1

三、判断题（正确的打“√”，错误的打“×”）

1. X62W 型卧式万能铣床的顺铣和逆铣加工是通过主轴电动机 M1 的正反转来实现的。（　）

2. 为了提高工作效率，X62W 型卧式万能铣床要求主轴和进给能同时启动和停止。（　）

3. X62W 型卧式万能铣床的三台电动机中的任意一台过载，三台电动机将同时停止工作。（　）

4. X62W 型卧式万能铣床进给变速冲动控制是通过变速手柄与冲动位置开关 SQ 配合实现的。（　）

5. 圆形工作台工作时，允许工作台有六个方向的进给运动。（　）

6. X62W 型卧式万能铣床工作台的快速运动是由专门的电动机拖动的。（　）

7. 进给操纵手柄被置于某一方向后，电动机 M2 只能朝一个方向旋转，其传动链也只能与一根丝杠搭合。（　）

8. 圆形工作台加工不需要调速，也不要求正反转。（　）

四、选择题（将正确答案的字母填入括号内）

1. X62W 型卧式万能铣床的操作方法是（　）。

A. 全用按钮　　B. 全用手柄　　C. 既用按钮又用手柄

2. X62W 型卧式万能铣床的主轴电动机 M1 要求正反转，不用接触器控制而用组合开关控制，是因为（　　）。

A．接触器易损坏　　B．正反转不频繁　　C．操作方便

3．工作台进给没有采取制动措施，是因为（　　）。

A．惯性小　　B．速度不高且用丝杠传动　　C．有机械制动

4．X62W 型卧式万能铣床主轴电动机 M1 的制动采用（　　）。

A．反接制动　　B．电磁抱闸制动　　C．电磁离合器制动

5．如果 X62W 型卧式万能铣床主轴未启动，那么工作台（　　）。

A．不能有任何进给　　B．可以进给　　C．可以快速进给

6．圆形工作台的回转运动是由（　　）经传动机构驱动的。

A．主轴电动机 M1　　B．进给电动机 M2　　C．冷却泵电动机 M3

7．当左右进给操纵手柄扳向右端时，将压合行程开关（　　）。

A．SQ1　　B．SQ2　　C．SQ3　　D．SQ4　　E．SQ5　　F．SQ6

8．当上下、前后进给操纵手柄扳向上端时，将压合行程开关（　　）。

A．SQ1　　B．SQ2　　C．SQ3　　D．SQ4　　E．SQ5　　F．SQ6

9．为了工作可靠，电磁离合器 YC1、YC2、YC3 采用了（　　）电源。

A．直流　　B．交流　　C．高频交流

10．X62W 型卧式万能铣床工作台的进给和快速移动，必须在主轴启动后才允许进行，这是为了（　　）。

A．安全需要　　B．加工工艺的需要　　C．电路安装的需要

11．若 X62W 型卧式万能铣床工作台正在向右进给，工人误操作，又将另一个手柄向下压，这时联锁触头（　　）同时断开，使 KM3 失电，M2 停转。

A．SQ6—2 和 SQ3—2　　B．SQ5—2 和 SQ6—2　　C．SQ3—2 和 SQ4—2

五、简答题

1．X62W 型卧式万能铣床的主要运动形式有哪些？

2．X62W 型卧式万能铣床上的工件能在哪些方向上调整位置或进给？

3．结合教材图 5—3 所示 X62W 型卧式万能铣床电气控制电路图，回答下列问题。

（1）主轴变速时产生瞬时冲动的目的是什么？简述其变速冲动的控制过程。

（2）进给控制电路中接触器 KM1、KM2 的辅助常开触头并联的作用是什么？

(3) 在主轴制动离合器 YC1 的电路中，三个并联的触头 SB6—2、SB5—2、SA1—1 各有什么作用?

(4) 简述工作台向右快速移动的控制过程。

任务 2　检修 X62W 型卧式万能铣床常见电气线路故障

简答题

结合教材图 5—3 所示 X62W 型卧式万能铣床电气控制电路图，分析下列故障的原因。

(1) 故障现象：工作台能前后、上下进给，但不能左右进给。

（2）故障现象：工作台能右进给但不能左进给。

（3）故障现象：工作台能快速移动，但主轴制动失灵。

（4）故障现象：圆形工作台不工作。

课题六　T68 型卧式镗床电气控制线路的检修

任务 1　认识 T68 型卧式镗床

一、填空题（将正确答案填在横线空白处）

1．T68 型卧式镗床主要由床身、______、______、______、后立柱和尾架等部分组成。

2．T68 型卧式镗床的镗轴和平旋盘轴______，分别通过各自的传动链传动，可以独立转动。

3．T68 型卧式镗床的主轴与进给共用一台双速电动机 M1 驱动，低速时定子绕组接成____，可直接启动；高速时定子绕组接成____，高速运行须先低速启动，经一定延时后再自动转成高速运行，以减小________。

4．结合教材图 6—2 所示 T68 型卧式镗床电路图填空：

（1）T68 型卧式镗床的主电路有两台电动机，镗床的主运动及各种进给运动都由________驱动，而机床各部分的快速进给则由________驱动。

（2）主轴电动机 M1 的控制包括______、______、______、______和______。

（3）主轴电动机 M1 的反向点动控制是由按钮____和接触器____、____控制实现的，此时主轴电动机 M1 的定子绕组接成____形且串入__________。

（4）当主轴电动机正转速度高于 120 r/min 时，速度继电器 KS 的正转常开触点 KS（13—18）______，而正转常闭触点 KS（13—15）______，为正转停止时的反接制动做准备；而当主轴电动机反转速度高于 120 r/min 时，速度继电器 KS 的反转常开触点 KS（13—14）______，为反转停止时的反接制动做准备。

（5）主轴的反接制动有__________、______________、____________和____________的反接制动四种情况。

二、填图题

填写题图 6—1 所示 T68 型卧式镗床各部分的名称。

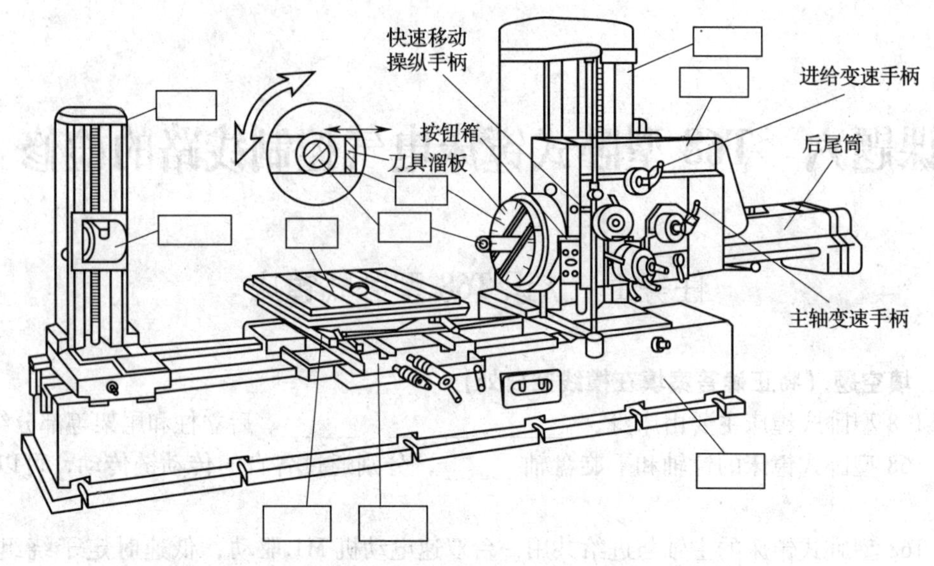

题图 6—1

三、判断题（正确的打“√”，错误的打“×”）

1. T68 型卧式镗床的主轴可在运行过程中进行变速。 （　　）

2. T68 型卧式镗床在主轴变速过程中，主轴电动机正常通电运转。 （　　）

3. T68 型卧式镗床在工作台或主轴箱自动进给时，不允许主轴或平旋盘刀架进行自动进给。 （　　）

4. T68 型卧式镗床主轴电动机变速时做低速断续冲动的过程中，速度继电器 KS 不起作用。 （　　）

四、选择题（将正确答案的字母填入括号内）

1. T68 型卧式镗床的主轴采用（　　）制动。

A. 反接　　B. 能耗　　C. 电磁离合器

2. 主轴电动机的高低速由位置开关 SQ7 控制，当调速手柄压合 SQ7 时，主轴电动机处于（　　）。

A. △形接法，低速运转　　B. YY 形接法，高速运转　　C. Y 形接法，低速运转

3. 位置开关 SQ1 和 SQ2 常闭触点并联的作用是（　　）。

A. 实现变速冲动　　B. 增大触点的导通能力　　C. 安全联锁保护

五、简答题

1. T68 型卧式镗床的主要运动形式有哪些？

2．结合教材图 6—2 所示 T68 型卧式镗床电路图，回答下列问题。

（1）分析主轴电动机低速反转停止时的反接制动过程。

（2）主轴和进给变速时主轴电动机做低速断续冲动的目的是什么？分析主轴变速时的控制过程。

（3）工作台自动进给和主轴或平旋盘刀架自动进给之间的联锁是如何实现的？

任务 2　检修 T68 型卧式镗床常见电气线路故障

简答题

结合教材图 6—2 所示 T68 型卧式镗床电路图，分析下列故障的原因。

（1）故障现象：主轴电动机 M1 能正向启动，但不能反向启动。

（2）故障现象：主轴电动机 M1 能低速启动，但不能转入高速运行。应如何检修？

（3）故障现象：主轴变速时无低速断续冲动，发生顶齿现象，变速手柄不能顺利推回原位。

（4）故障现象：主轴电动机停车时出现短时反向旋转现象。

课题七　20/5 t型桥式起重机电气控制线路的检修

任务1　认识20/5 t型桥式起重机

一、填空题（将正确答案填在横线空白处）

1．起重机是一种用来______或______重物，并使重物在短距离内______移动的起重设备。

2．桥式起重机主要由__________、__________、__________和__________四部分组成。

3．桥式起重机的主钩和副钩都装在_____上，主钩用来________，副钩除可提升轻物外，还可以用来__________工件。

4．由于起重机工作时是经常移动的，因此需采用__________电源供电。小型起重机常采用__________供电，大型起重机一般采用________和________供电。

5．桥式起重机的工作环境较恶劣，经常需带载启动，要求电动机的启动转矩大、启动电流小，且有一定的调速要求，因此多选用__________电动机拖动。

6．为保证人身和设备的安全，桥式起重机的停车必须采用安全可靠的制动方式，因此采用________________。

7．桥式起重机提升的第一挡作为预备级，是为了消除______和张紧______，以避免过大的____________。

8．桥式起重机线路中具有________、________、__________及__________保护等多个保护环节。

9．桥式起重机在下放负载时，根据负载的大小，电动机的运行状态可以自动在______状态、____________状态或__________状态之间转换。

10．结合教材图7—3填空：

（1）起重机投入运行前，应将所有凸轮控制器手柄置于______位，合上___________，关好______和______，使行程开关SQ7、SQ8、SQ9的常开触头也处于________状态。

（2）桥式起重机的大车、小车和副钩电动机一般采用________控制，而主钩电动机则采用________配合________进行控制。

（3）凸轮控制器AC1、AC2、AC3的手轮均有____个位置，中间位置是___位，左右两边各有____个位置，用来控制电动机M1、M2、M3和M4在不同转速下的正反转。

（4）起重机各移动部分均采用__________作为行程限位保护，其中______和______作为小车横向限位保护，______和______作为大车纵向限位保护，______和______分别作为主钩和副钩提升的限位保护。

（5）桥式起重机的主钩下降有6挡位置，其中“J”“1”“2”挡为制动下降位置，用于重负载________，电动机处于__________运行状态；“3”“4”“5”挡为强力下降位置，主要用于轻负载________。

（6）当负载很轻时，不能用制动下降位置的“1”或“2”挡下放负载，否则负载反而______，而应该用______挡来吊运。

（7）用制动下降位置的“1”或“2”挡下放负载时，主钩电动机 M5 接____序电压，此时若重物产生的负载倒拉力矩大于主钩电动机 M5 产生的电磁转矩，M5 运转在________状态，低速下放重物。

（8）在强力下降位置“3”“4”“5”挡，电动机 M5 接负序电压，产生下降方向的电磁转矩；YB5、YB6 的抱闸________，此时若负载较轻，M5 处于______状态，强力下降重物；若负载较重，M5 将进入______状态，限制重物下降速度。

二、判断题（正确的打“√”，错误的打“×”）

1．桥式起重机的主钩和副钩可以同时提升两个重物。（　　）

2．桥式起重机的主钩电动机需带负载启动，因此启动转矩越大越好。（　　）

3．桥式起重机的导轨及金属桥架应当可靠接地。（　　）

4．教材图 7—3 所示桥式起重机在工作时，若副钩因过载而使过电流继电器 KA1 动作，电动机 M1 停转，其他电动机可照常启动运转。（　　）

5．桥式起重机的驾驶舱门和横梁栏杆门是否关闭不影响桥式起重机的工作。（　　）

6．教材图 7—3 所示桥式起重机在工作过程中，若遇到紧急情况需立即切断电源，可拉下保护柜上的紧急开关 QS4。（　　）

7．为提高电动机运行的可靠性，桥式起重机上的五台电动机均采用三相平衡切除转子附加电阻的方式，以使三相转子电流平衡。（　　）

8．桥式起重机主钩升降的工作过程与副钩基本相似，区别仅在于它是通过主令控制器控制接触器实现控制的。（　　）

9．当教材图 7—3 所示桥式起重机的主令控制器 AC4 的手柄扳到下降“J”挡时，电动机 M5 仍处于制动状态，主钩并不下降。（　　）

三、选择题（将正确答案的字母填入括号内）

1．下列关于主钩和副钩位置的叙述正确的是（　　）。

A．主钩和副钩都装在小车上

B．主钩和副钩都装在大车上

C．主钩装在大车上，副钩装在小车上

2．桥式起重机的启动转矩不能过大，一般限制在启动转矩的（　　）以下。

A．30%　　B．40%　　C．50%

3．在桥式起重机上为保障维修人员的安全而安装的行程开关是（　　）。

A．SQ1 和 SQ2　　B．SQ3 和 SQ4　　C．SQ7、SQ8 和 SQ9

4．桥式起重机上容量最大的电动机是（　　）。

A．小车电动机 M2　　B．大车电动机 M3 和 M4　　C．主钩电动机 M5

5．20/5 t 型桥式起重机中各电动机的过载保护由（　　）实现。

A．热继电器　　B．过电流继电器　　C．低压断路器

6．桥式起重机的主钩电动机下放空钩时，电动机工作在（　　）状态。

A．正转电动　　B．反转电动　　C．倒拉反接

7．桥式起重机的主钩处于下降“1”挡时，若重力大于电动机的电磁力矩，重物下降，此时主钩电动机处于（　）状态。

A．正转电动　　B．倒拉反接　　C．再生制动

8．桥式起重机的主钩处于下降“2”挡时，转子电阻全部串入转子电路，这种状态用于（　）。

A．重物加速下降　　B．重物减速下降　　C．重物提升

四、简答题

1．桥式起重机采用电磁抱闸制动的优点是什么？

2．为什么桥式起重机在启动前各控制手柄必须置于零位？

3．桥式起重机的主钩电动机在下放重物时可能出现哪几种工作状态？

4．桥式起重机为什么选用绕线转子异步电动机驱动？

5．结合教材图 7—3 回答下列问题。

（1）简述主令控制器 AC4 手柄置于下降“J”挡时主钩电动机 M5 的控制过程。

（2）在主钩控制电路中，为什么要在接触器 KM9 的自锁触头上串接一个 KM1 的辅助常开触头？

（3）在主钩控制电路中，为什么要在接触器 KM2 的辅助常开触头两端并接一个 KM9 的辅助常闭触头？

（4）在主钩控制电路中，把接触器 KM1、KM2 和 KM3 的辅助常开触头并联使用有什么意义？

任务 2　检修 20/5 t 型桥式起重机常见电气线路故障

简答题

结合教材图 7—3 回答下列问题。

（1）写出按下启动按钮 SB 后，接触器 KM 的通电路径。

（2）合上电源开关并按下启动按钮 SB 后，主接触器 KM 不吸合，可能的故障原因有哪些?

（3）合上电源开关并按下启动按钮 SB 后，主接触器 KM 能吸合但不能自锁，试分析故障原因。

（4）主钩既不能上升也不能下降，该如何检修？

课题八　B2012A 型龙门刨床电气控制线路的检修

任务 1　认识 B2012A 型龙门刨床

一、填空题（将正确答案填在横线空白处）

1. B2012A 型龙门刨床主要用来加工各种较大的平面、斜面、槽等，特别适合加工__________的零件。

2. A 系列刨床采用以__________作为励磁调节器的__________系统与一挡机械齿轮变速相配合，保证工作台的速度能在很宽的范围内无级调整。

3. A 系列刨床最低刨削速度为______m/min，最高刨削速度为______m/min。此外，工作台的速度还能降低至____m/min，供磨削加工用。

4. 龙门刨床在刨削工件的过程中，要求工作台能自动往复循环，且__________。

二、填图题

填写题图 8—1 所示 B2012A 型龙门刨床各部分的名称。

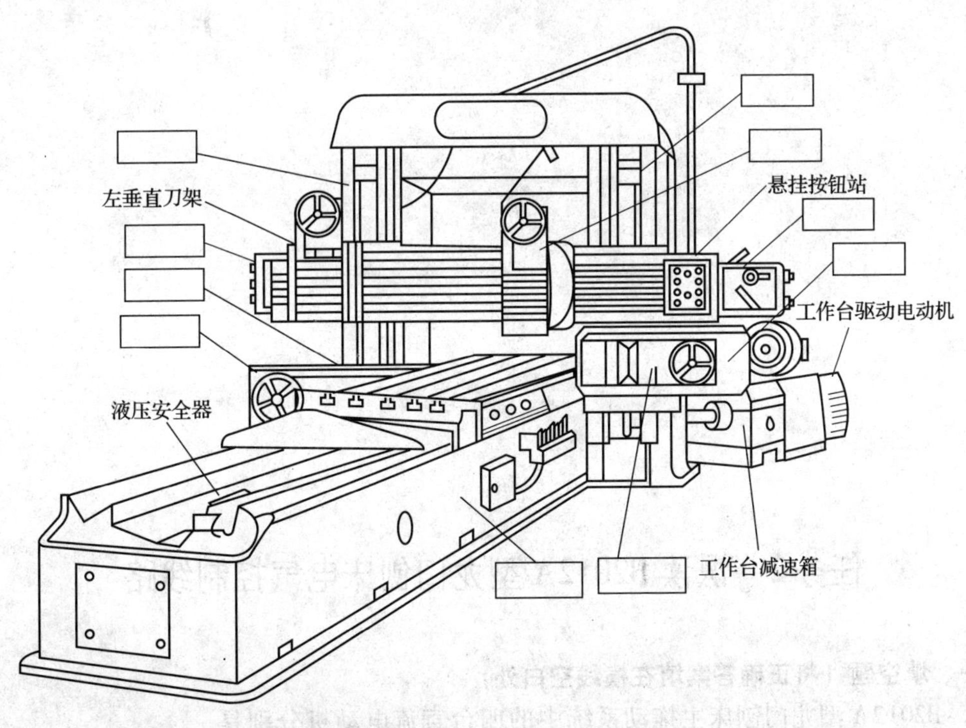

题图 8—1

三、简答题

1. B2012A 型龙门刨床的主要运动形式有哪些？

2. 简述 B2012A 型龙门刨床的控制要求。

任务 2　识读 B2012A 型龙门刨床电气控制线路

一、填空题（将正确答案填在横线空白处）

1. B2012A 型龙门刨床主拖动系统中的四台直流电动机分别是________、________、________和________。

2. B2012A 型龙门刨床电气控制系统由主拖动控制系统、主拖动交流机组启动控制电路、__________、__________和__________五个部分组成。

3. B2012A 型龙门刨床中，交磁电机扩大机的控制绕组 KⅢ作为________、________和________等信号综合使用。

4. 交磁电机扩大机控制绕组 KⅡ作为________之用，控制绕组 KⅠ作为________之用。

5. 龙门刨床的主拖动系统中加入电流截止负反馈环节后，系统在正常工作范围内有________的特性。而当电动机过载时，系统又具有________的机械特性，这种特性也称为________。

6. 电压负反馈环节仅能补偿____________上的压降引起的转速降，但不能补偿__________及__________的压降引起的转速降。

7. B2012A 型龙门刨床的主拖动系统产生振荡的原因是扩大机和电动机具有电磁惯性以及系统的________或________等。

8. B2012A 型龙门刨床工作台控制线路具有工作台的________、________和________、________和________等控制作用。

9. 调节调速电位器 RP3 的手柄位置即可调节电机扩大机 KⅢ绕组上的给定电压，也就是调节了工作台的________；同理，调节 RP4 的手柄位置，可调节工作台________。

10. 通常，高速时加速度调节器手柄置于“______”一侧；而低速时，置于“______”一侧。

11. 在工作台的返回行程中，为了防止刀具损伤工件表面，设置了抬刀控制电路将刀架抬起。由于抬刀动作在刨削过程中较频繁，因此采用________和________控制刀架抬刀动作。

12. B2012A 型龙门刨床横梁的夹紧与放松由电动机 M9 驱动，横梁夹紧的程度由串联在夹紧电动机 M9 主回路中的__________，用检测电流的方法控制。

13. 横梁上升按照______→______→______的次序自动完成。只有在工作台______的状态下才能操作横梁的升降。

14. 横梁下降与上升相比，多了一个“______”环节。

二、判断题（正确的打“√”，错误的打“×”）

1. B2012A 型龙门刨床中电流截止负反馈环节的主要作用是为了加速系统的过渡过程。（　）

2. 为了提高调速系统的静特性硬度，可以将电流正反馈的强度调节到最大。（　）

3. 桥形稳定环节能有效地减轻或消除 B2012A 型龙门刨床主拖动系统的振荡现象。（　）

4. 如果切削速度不高，产生的冲击刀具能承受，可将操纵台上的转换开关 SA5 扳到断开位置，从而取消慢速切入环节。（　）

5. B2012A 型龙门刨床中加速度调节器的作用是解决换向过程中冲击和越位的矛盾。（　）

6. B2012A 型龙门刨床主拖动系统中电阻 RT5、RT6 的作用是调节停车制动作用的强弱。（　）

7. 若 B2012A 型龙门刨床在进行前进和后退操作时，工作台都是向前运动，且运动速

度很高，则可判断为给定电压极性接反且给定电压过高。（　　）

8. B2012A 型龙门刨床在工作台高速运行时突然降低给定电压，变为减速运行，此时主回路中的电流反向，产生制动转矩，使电动机制动。（　　）

9. B2012A 型龙门刨床主拖动系统中电阻 RT1、RT2 的作用是调节启动和反向过渡过程的强弱。（　　）

三、选择题（将正确答案的字母填入括号内）

1. 为稳定直流发电机输出电压，B2012A 型龙门刨床的电气控制线路中引入了（　　）环节。

A. 电流正反馈　　B. 电压负反馈　　C. 电流截止负反馈

2. 桥形稳定环节在 B2012A 型龙门刨床中所起的作用是（　　）。

A. 增加动态放大倍数　　B. 减小动态放大倍数　　C. 保持动态放大倍数不变

3. 在 B2012A 型龙门刨床停车制动过程中，主电路电流反向，这时电流正反馈（　　）。

A. 对电动机起去磁作用，参与停车制动

B. 对电动机起助磁作用，参与停车制动

C. 对电动机起去磁作用，使电动机加速

4. 在 B2012A 型龙门刨床停车制动过程中，电流截止负反馈（　　）。

A. 不起作用　　B. 起增强制动的作用　　C. 起减缓制动的作用

5. B2012A 型龙门刨床工作台爬行的原因是（　　）。

A. 稳定环节不起作用　　B. 剩磁　　C. 欠补偿

6. B2012A 型龙门刨床调节工作台步进速度的元件是（　　）。

A. RT4　　B. RT5　　C. RT6

四、简答题

1. B2012A 型龙门刨床的电气控制线路中，交磁电机扩大机各控制绕组的作用分别是什么？

2. 简要分析当电动机的负载减小时，电压负反馈环节自动稳速的作用原理。

3. 简述主拖动交流机组对电气控制的要求。

4. 简述 B2012A 型龙门刨床工作台自动循环的工作程序。

5. B2012A 型龙门刨床工作台自动循环工作的前提条件是什么？

6. 横梁下降过程中增设“回升”环节的目的是什么？

任务3　检修 B2012A 型龙门刨床常见电气线路故障

一、填空题（将正确答案填在横线空白处）

1. B2012A 型龙门刨床的励磁发电机换向极绕组极性接反会使励磁发电机输出电压______，并使换向严重恶化，电刷火花随负载增加而明显增大。

2. B2012A 型龙门刨床的电机扩大机空载电压正常，带负载时输出电压很低，故障原因是电枢绕组、换向极绕组、补偿绕组________或者________。

3. 如果按下步进、步退按钮后，工作台都是向前运动且速度很高，则故障原因一般是____。

4. 如果电机扩大机补偿绕组并联电阻 RP6 阻值增大或断路，电机扩大机工作在过补偿状态，会造成工作台______。

5．如果电机扩大机交轴电刷接触不良，经放大后有很大的电压降，会使发动机的励磁回路________，工作台__________。

6．教材图 8—3 所示 B2012A 型龙门刨床在工作过程中出现换向越位过小，表明换向过程制动作用______，主回路制动电流______，使直流电动机 M1 的电刷下产生严重火花，并会给机械部分带来过大的冲击，影响机床的使用寿命。

二、选择题（将正确答案的字母填入括号内）

1．教材图 8—3 所示 B2012A 型龙门刨床中电机扩大机 K 补偿绕组的并联电阻接触不良或开路，会造成电机扩大机的输出电压（　　）。

A．为零　　B．过低　　C．过高

2．B2012A 型龙门刨床的电气控制线路中，如果电压负反馈回路断路，电压负反馈信号消失，则会造成直流电动机 M1（　　）。

A．不能启动　　B．速度过高　　C．速度过低

3．当 B2012A 型龙门刨床启动 G—M 电动机组后，工作台自行高速冲出不受限制时，可用（　　）关机。

A．工作台停止按钮　　B．电动机组停止按钮　　C．终端位置开关

4．B2012A 型龙门刨床的电气控制线路中，如果电机扩大机的控制绕组 KⅡ 回路中有接触不良的情况，电流正反馈太小，则会造成直流电动机 M1（　　）。

A．运行不稳定　　B．速度过高　　C．速度过低

5．在工作台高速运行时，如果加速度调节器被放在“反向平稳”一侧位置上，工作台会出现（　　）。

A．前进或后退时越位均过大

B．前进或后退时越位均过小

C．前进或后退中有一个方向越位过大

三、简答题

1．教材图 8—3 所示 B2012A 型龙门刨床的励磁发电机 G2 不能发电的原因主要有哪些？如何处理？

2. 电机扩大机空载电压很低或没有电压，试分析其故障原因。

3. 教材图 8—3 所示 B2012A 型龙门刨床电路中，如果步进、步退电路中的电阻 RT5 和 RT6 不平衡，RT5 的实际阻值远大于 RT6 的实际阻值，会出现什么现象？

4. 如果工作台运行时速度过高，故障原因可能是什么？

5．如果工作台换向时越位过大，可能的故障原因有哪些？

6．如果工作台前进或后退中有一个方向越位过大，可能的故障原因有哪些？

课题九　机床电气设备大修工艺的编制与机床线路的测绘

任务 1　机床电气设备大修工艺的编制

一、填空题（将正确答案填在横线空白处）

1．检修工艺就是具体规定了电气设备的________，修理和调整元器件的________，总装配、调试运转的________等，以达到电气设备检修的质量标准和使用要求。

2．状态检测维修是以______为基准来确定维修方式，平时进行________和设备点检。

3．设备的点检分为_________点检和_________点检两种。

4．设备的三级保养制是指___________保养、___________保养和__________保养。

5．计划修理属于定期修理，一般分为________、________、________、二级保养、项修、预防性试验六种。

6．制定大修工艺文件时应注意以下三方面的问题：技术上的____________、经济上的____________、良好的____________。

二、简答题

1．电气设备维修的方针与原则是什么？

2．什么是预防性试验？预防性试验的项目一般有哪些？

3．简述电气设备大修工艺的编制步骤。

4．一般机械设备电气大修工艺应包括哪些内容?

5．编制大修工艺时应注意哪些问题?

任务2　机床电气线路测绘

一、填空题（将正确答案填在横线空白处）

1．电气测绘是根据现有的电气线路、机械控制线路和电气装置进行现场测绘，然后经过整理后测绘出________________和________________。

2．电气图的测绘方法有_________________________、____________和____________。

二、选择题（将正确答案的字母填入括号内）

1．根据实物测绘机床的电气控制线路图时，应先测绘（　　）图。

A．电气原理　　B．接线　　C．布置

2．根据实物测绘机床的电气控制线路接线图时，同一电气元件的各部件要画（　　）。

A．1处　　B．2处　　C．多处

三、简答题

1．电气测绘的一般步骤是什么？

2．草图的测绘原则是什么？

3．写出用布置图—接线图—原理图法测绘机床电气线路的一般步骤。

4．电气测绘时需注意哪些事项？

内容简介

本习题册为全国高级技工学校电气自动化设备安装与维修专业教材《常用机床电气线路维修》的配套用书。本习题册按照教材章节顺序编写，内容紧扣教学要求，知识点分布均衡，习题难易适中，有助于学生复习巩固所学知识。

本习题册由谢京军主编，葛振亮、姜修兰、咸晓燕参加编写。

策划编辑：游建颖
责任编辑：徐　悦
责任校对：马　维
书籍设计：丁海涛

ISBN 978-7-5045-9865-3

定价：7.00元